AIGC时代

时代

王喜文 著

突破创作边界的
人工智能绘画

电子工业出版社
Publishing House of Electronics Industry
北京·BEIJING

图书在版编目（CIP）数据

AIGC时代：突破创作边界的人工智能绘画 / 王喜文著 . —北京：电子工业出版社，2023.6

ISBN 978-7-121-45535-3

Ⅰ. ①A… Ⅱ. ①王… Ⅲ. ①图像处理软件 Ⅳ.①TP391.413

中国国家版本馆CIP数据核字（2023）第078520号

责任编辑：孔祥飞　　　　　　　特约编辑：田学清
印　　刷：北京瑞禾彩色印刷有限公司
装　　订：北京瑞禾彩色印刷有限公司
出版发行：电子工业出版社
　　　　　北京市海淀区万寿路 173 信箱　　邮编：100036
开　　本：787×1092　　1/16　　印张：8　　字数：205 千字
版　　次：2023 年 6 月第 1 版
印　　次：2023 年 6 月第 1 次印刷
定　　价：89.00 元

凡所购买电子工业出版社图书有缺损问题，请向购买书店调换。若书店售缺，请与本社发行部联系，联系及邮购电话：（010）88254888，88258888。

质量投诉请发邮件至 zlts@phei.com.cn，盗版侵权举报请发邮件至 dbqq@phei.com.cn。

本书咨询联系方式：（010）88254161～88254167 转 1897。

前　言

所谓人工智能（Artificial Intelligence，AI）绘画，是指通过 AI 技术来作画。AI 绘画之所以在近期广泛流行，得益于 2022 年 8 月全新开源的免费 Stable Diffusion 扩散模型。简单来说，此扩散模型能够让用户在自己的手机或计算机上通过输入文本生成图像。显然，这项技术的突破与开源大大降低了图像的生成门槛。一时间，仿佛人人都可以借助 AI 绘画工具成为画家。

2018 年，一幅名为《埃德蒙·贝拉米肖像》的 AI 绘画作品在佳士得拍卖会上拍出了 40 多万美元的高价。2022 年，美国设计师杰森·艾伦使用一款名为 Midjourney 的 AI 图像生成器创作了一幅名为《太空歌剧院》的作品，该作品获得了科罗拉多州艺术博览会 "数字艺术类" 冠军。AI 的惊艳表现使艺术界大为震动，不少人惊呼：AI 绘画的元年已经到来。

AI 绘画为艺术家提供了更大的自由和创造力，可以快速创作出具有惊人细节的插图和动画。它也带来了新的技术，可以帮助人们快速把握艺术的精髓，使人们掌握艺术的技巧，从而帮助人们激发出创造的灵感。

王喜文博士曾经长期在工业和信息化部、科学技术部从事新兴产业政策研究工作，牵头出版科技图书 60 多本。其中，《人工智能 2030》一书获得 2020 年度国家出版基金奖项，《5G 为人工智能与工业互联网赋能》一书中由自绘插图所形成的 PPT 曾被任正非签发邮件向华为所有员工推荐。2018 年以来，王喜文博士致力于基于 AI 技术进行数字绘画艺术创作，其作品已在国内外多个平台发布。

传统绘画题材主要有动物、植物、风景和人物，本书特意从这四个方面各选几十幅王喜文博士的数字作品，以供读者感受人工智能生成内容（Artificial Intelligence Generated Content，AIGC）的强大绘画能力与精美效果。

目　录

Chapter 01

颠覆的浪潮，AIGC 改变创作

现在，AI 技术有了跨越式的提升，AI 懂创作、会写诗、会作曲、会画画。虽然 AI 在生活中已经普及，如代替人去喷漆、焊接、搬运重物，坐高铁、坐飞机、住宾馆时进行人脸识别，以及在金融和商业领域完成复杂的计算，等等。但是要让 AI 更接近人，就必须使其具备人类"创作"的能力。这就是 AIGC 的意义。

AIGC 是一项全新的技术。目前人们对 AIGC 技术究竟是什么，依旧没有形成广泛的共识。但从其英文翻译（Artificial Intelligence Generated Content）来看，所谓 AIGC，就是"通过 AI 技术来生成内容"。

1.1 AIGC 如何改变内容创作

AIGC 能力的提升，并不是一蹴而就的，而是经历了漫长且复杂的"模型突破—大幅提升—规模化生产—遇到障碍—再模型突破—再大幅提升"的循环发展过程。而 AIGC 要实现商业化应用，走进人类生活，就必须在资源消耗、学习门槛等方面大幅降低到平民化水平。

AIGC 最早出现的深度学习模型为生成对抗网络（Generative Adversarial Network，GAN）。GAN 的开创性在于，它精巧地设计了一种"自监督学习"的方式，摆脱了以往"监督学习"需要大量标签数据的应用困境，可以用于图像生成、风格迁移、AI 艺术和黑白老照片上色修复。尽管 GAN 曾被称为"21 世纪最强大的算法模型之一"，但其仍存在着生成图像的分辨率较低、新图像创意不足等问题。而诞生于 2021 年的对比语言—图像预训练（Contrastive Language-Image Pretraining，CLIP）模型为内容创作带来了新的路径，能够同时进行自然语言理解和计算机视觉分析，从而实现输入文本和生成图像的高度匹配。

2022 年 8 月，在 GAN 和 CLIP 的基础上，Stable Diffusion 扩散模型出现了，并且正式开源，这个事件直接推动了 AIGC 技术的突破性发展。

通俗来讲，Stable Diffusion 扩散模型实现了两个方面的突破：一是这个更成熟的深度学习模型能让 AI 快速、灵活地生成多种多样的数据内容；二是这个训练好的模型大大降低了 AIGC 创业的门槛。更多的创作者可以借助这个可商业化应用的开源工具，根据自己的个性化需求，立足不同的应用场景，创作更多的作品。

2018 年，佳士得拍卖行以 40 多万美元的高价拍卖了一幅由 AI 程序绘制的肖像画。这幅名为《埃德蒙·贝拉米肖像》的作品，以朦胧的手法描绘了一位身穿黑色西服外套，搭配白色衬衫的"无脸"男士，如下图所示。

Stable Diffusion 扩散模型的原理是"先增噪后降噪"。首先给现有的图像逐步施加高斯噪声，直到图像被完全破坏，然后根据给定的高斯噪声，逆向逐步还原出原图。在模型训练完成后，只需输入一段随机的高斯噪声，就能"无中生有"，生成一张图像了。这样的设计大大降低了模型训练的难度，突破了 GAN 模型的局限性，在逼真的基础上兼具多样性，从而能够更快、更稳定地生成图像。

2022 年，美国设计师杰森·艾伦使用一款名为 Midjourney 的 AI 图像生成器创作了一幅名为《太空歌剧院》的作品，该作品获得了科罗拉多州艺术博览会"数字艺术类"冠军，如下图所示。荣誉的背后引发了各界人士的好奇，大家都在思考：这位设计师究竟是利用什么高科技创作该作品的呢？后来大家发现，该作品背后的技术正是 AIGC。这一事件在让大家了解了 AIGC 的同时，也让大家看到了更多的可能：任何人只要有想象力、文字表达能力，就可以从事艺术创作，这是在过去做不到的，也是令很多人意想不到的事情。

在没有 AIGC 之前，不管你想进行何种艺术创作，都需要数年的学习、练习，以及经验、技巧的积累。而且，受自身习惯、风格与偏好的影响，创作者的想象力易拘泥于某一子空间。而在 AIGC 时代，AI 没有桎梏与约束，能更好地激发创作者的艺术创造力。在未来，AIGC 将提升生产效率，加速内容生成和产品研发进程。一个人可能只需用几天的时间熟悉 AIGC 工具，掌握相关的技巧与参数，就能创作出想象力丰富、色彩艳丽的艺术作品。这种创作模式造就了内容生产力的巨大变革，极大地提升了艺术创作的效率，拓展了艺术创作的空间。

1.2 AIGC 的技术与工具

AIGC 技术通过搜集各行各业的各类数据，不仅能给出比"小模型"更准确的预测结果，还开创了"大模型"[如大型语言模型（Large Language Model，LLM）]主导内容生成的时代，展现出了惊人的泛化能力、迁移能力，产出的内容质量更高、更智能，这也是当前 AIGC 工具让人眼前一亮的原因。

就 AIGC 领域的 AI 绘画而言，它的出现在美术史上可称为一种"发明"，就像照相机一样，能够依据一个按钮创造出真实的影像，只不过它用的不是照相机。它目前采用的主流的、前沿的技术就是 Stable Diffusion 扩散模型。

Stable Diffusion 扩散模型使用的数据集名为 LAION-Aesthetics。这是一个开源的 250TB 的数据集，其中包含从互联网上抓取的 56 亿张图像。创作者可以利用免费或廉价的 AIGC 工具以更加快速、高效的方式进行多样化的内容创作。人类将跑步进入传统人类内容创作和 AI 内容生成并行的时代，进而进入后者逐渐走向主导位置的时代，这意味着传统人类内容创作互动模式将转换为 AIGC 模型互动模式。

Stable Diffusion 扩散模型允许使用者在从文本到图像模型的建立过程中，在几秒内创作出惊人的艺术作品，实现速度和质量方面的突破。专业画家可以使用 Stable Diffusion 扩散模型将创作灵感转换成各种图像草案。

这样一来，集成 Stable Diffusion 扩散模型的 AI 绘画工具就会拥有多方面的技术优势与极其强大的功能。借助 AI 绘画工具，普通人也可以在计算机上进行创作。这些 AI 绘画工具不仅可以帮助绘画外行进行创作，也能够为经验丰富的艺术家带来帮助。

笔者在下表中列举了几大 AI 绘画工具的效果、收费、版权归属、可配置参数、返回技术信息的情况，以供读者参考。

名称	效果	收费	版权归属	可配置参数	返回技术信息
Midjourney	惊艳	付费	平台	丰富	无
WOMBO	一般	免费	未指定	一般	无
NightCafe	不错	付费	生成者	一般	一般
6pen Art	惊艳	付费	生成者	丰富	丰富
Stable Diffusion	惊艳	付费	未指定	丰富	无

1.3 AIGC 的创新工作流程

Stable Diffusion 扩散模型创新的核心之处在于，运用文字描绘出相应的风景或人物，从而辨别画面中会出现哪些场景。

以下以 6pen Art 为例，展示一下 AIGC 的创新工作流程。

（1）文本是决定图像生成方向的最重要因素。使用者在绘画之前需要先了解如何准确地进行画面描述，输入的关键词可以是中文，也可以是英文。

下图所示为笔者所写的画面描述。

6pen Art › **创建绘画**

画面描述

一只猛虎从山上跑下来，它长着长牙和长尾，气势凌人。3D Render, 8K

37/500

（2）为了让 AI 能够精准地根据文本创作出图像，还需要采用人工的方式在操作 AI 绘画工具的过程中调整多方面的参数，如"描述权重""图片参考度"等，只有这样才能成功获取理想的绘画作品。

下图所示为笔者调整的参数。

专家模式（可选）

随机种子 ⓘ

输入随机种子 (0～4294967295)

0/10

描述权重[0～25] ⓘ

7.5

图片参考度[0.01~0.99] ⓘ

0.57

（3）只输入一个简单的提示词，如"猛虎""英雄"等，这样生成的图像会缺少美感和艺术性。这时候，还要指定使用"画面类型"，如"CG 渲染"，只有这样才能让图像更具艺术性。还可以在提示词中加入"风格修饰"的关键词，如"虚幻引擎""幻想""超清晰""写实""油画""铅笔画""概念艺术"等。

下图所示为笔者输入的关键词。

（4）输入艺术家名字，可以让绘画风格更具象或保持风格一致。比如，想要表现抽象艺术，可以输入"蒙德里安"；想要表现中国画风，可以输入"齐白石""张大千"。还可以同时输入多位艺术家的名字，如"凡·高""莫奈""毕加索"等，这样绘画效果会更有创意。

下图所示为笔者输入的艺术家名字。

（5）在"画面描述"文本末尾加上一些修饰词，使图像更贴近自己想要的效果。比如，想要逼真的灯光，可以加上"Unreal Engine"；想要展现精密细节，可以加上"4K"或"8K"；想要 3D 渲染效果，可以加上"3D Render"；想要更具艺术性，可以加上"Trending on ArtStation"等。

（6）AI 绘画工具生成的结果大多数时候都不是我们真正想要的，也无法直接用 AI 绘画工具修改或编辑。这就需要后期运用 Photoshop、Photo Lab、Fotor 等绘图软件进行进一步的完善和处理。

如同摄影一样，要想拍摄出高质量的照片，需要专业知识的积累和拍摄位置的搜寻。虽然 AI 绘画工具看起来比较智能化，但是也没有人可以轻易地成为数字绘画的专家，AI 绘画需要两者兼得，如下图所示。

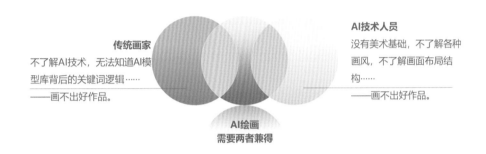

虽然照相机在刚面世时曾被视为肖像画家和风景画家的威胁，但是后来人们发现手绘的画作和照相机拍摄的照片是存在质的不同的。因此，即使 AI 绘画广泛普及，也不会取代具有能力且能准确描绘出想象中图像的人类画家。

到目前为止，关于 AI 是否可以引起"范式转移"的讨论仍未取得结论。虽然 AI 绘画可以创作出一定质量的绘画作品，但是目前尚不足以取代人类绘画的技术并描绘出完整且极致的图像。不过，随着 AIGC 生成的内容种类越来越丰富，以及内容质量的不断提升，AIGC 必将作为新型的内容生成基础设施对既有的内容生成模式产生变革式的影响，艺术家们可以用它来获得灵感、快速测试构图效果。

Chapter 02

用 AI 超越传统，减少重复性工作

AI 绘画的独特之处在于，能够通过深度学习和算法模型的训练，自动生成、优化和探索大量的艺术形式及风格，从而产出具有创意和独特性的艺术作品。

如今，在全世界范围内，越来越多的艺术家和技术人员开始探索如何利用 AI 技术进行绘画。相比传统的绘画方式，AI 绘画技术具有很多优势，这也是人们说 AI 绘画能够超越传统绘画的原因。

首先，在传统的绘画方式中，艺术家不仅需要耗费大量的时间和精力进行创作，而且需要不断地进行调整和修改；而在 AI 绘画技术中，AI 算法能够通过 GAN 或 Stable Diffusion 扩散模型等深度学习技术，根据用户的需求和输入的数据，自动进行创作并生成艺术作品。其次，在传统的绘画方式中，艺术家往往需要长时间进行精细描绘，才能够创作出高精度的艺术作品；而在 AI 绘画技术中，借助各种渲染能力，能够快速创作出高精度、高质量的艺术作品。

2.1 动物主题作品的创作背景和过程

在中国传统文化中，"虎"象征着勇猛、刚毅，被赋予趋吉辟邪、吉祥平安的美好寓意，是人们长久以来喜爱的"保护神"，也是画家笔下的常客，所以本章以"虎"为代表展示动物主题作品的创作背景和过程。

2023 年，人们告别了以往的压抑和紧张氛围，振奋起来，重新投入工作，开启新征程，奋力为社会创造价值。"猛虎出山"系列作品的创作背景也是如此。

　　"猛虎出山"系列作品先是利用 AI Stable Diffusion 扩散模型绘制。当然，AI 并不是完美的，生成的"虎"多个罗锅、少条尾巴的现象经常发生，如下图所示。所以，还要利用 Photo Lab 和 Fotor 绘图软件进行修改和处理。之后，再反过来使用 AIGC 工具对修改和处理后的作品进行反复的渲染。修饰词部分使用虚幻引擎进行多次渲染，并采用体积光、雾化效果、平滑和高清晰等风格技法。

多个罗锅

少条尾巴

其实AI并不完美，大多数作品都有缺陷

我们仍需深厚的美术功底，对作品进行后期修改

2.2　"猛虎出山"系列作品欣赏

　　"猛虎出山"系列作品充满强烈的神秘感，气势恢宏，运用流畅的笔触和准确的选色，渲染出悠远的意境，具有超越传统绘画与摄影作品的表现力和想象力。AI 绘画的渲染技术对"猛虎出山"系列作品的意义非常重要。它可以将一幅画作的画面质量提升到新的高度，不仅能够使图像更加生动、立体，而且能够增强画中人物的表情感染力，使画面更加逼真。

　　此外，AI 绘画技术还可以让我们完全掌握细节，从而让画面更加逼真。例如，渲染技术可以使猛虎的毛发更加柔软，背景更加悠远，这样就可以展现出猛虎的勇猛气势。

《破》#01，创作者：王喜文，创作于 2022 年 9 月。

该作品将猛虎的勇猛力量形象化，表现出猛虎活力十足的动感效果。细节处画笔的把握也很到位，将猛虎斑纹的层次和头部的攻击特征细腻地表现出来，给人带来惊人的视觉冲击。

《破》#02，创作者：王喜文，创作于 2022 年 9 月。

该作品展示了猛虎令人恐惧的形象和威武的姿态。猛虎的斑纹分布均匀，肌肉的曲线完美，表现出它的高傲。
而猛虎犹如火焰般燃烧的双眼能够直击人心，表现出其异常凶狠的气势。

《五福临门》#01，创作者：王喜文，创作于 2023 年 2 月。

"虎"与"福"是谐音。该作品构筑了五只猛虎的复杂图像，还在画面中添加了远山等细节，让整幅画更加生动逼真、富有层次，展现了作品独特的美感。

《五福临门》#02，创作者：王喜文，创作于 2023 年 2 月。

该作品将虎身及其四肢简化，勾勒出猛虎壮观且苍劲有力的线条，在具象和抽象之间找到了最佳的平衡，同时营造了一种紧张但充满活力的氛围。

《狂飙》#01，创作者：王喜文，创作于 2023 年 2 月。

该作品从整体上看效果很震撼，AI 的渲染使画面中的猛虎无比生动。画面中的猛虎在沉痛狂奔之际又充满了几分希望与憧憬，引人深思。

《狂飙》#02，创作者：王喜文，创作于 2023 年 2 月。

该作品气势雄伟、构图严谨，概括地表达出虎的真实习性和活力。

《狂飙》#03，创作者：王喜文，创作于 2023 年 2 月。

该作品以圆润的笔触和流畅的线条描绘出猛虎的气势及山水的优美景色，虎躯真实、秀美，身材伟岸，猛虎的动作和表情十分生动，表现出其狂野且威武的气势。

《狂飙》#04，创作者：王喜文，创作于 2023 年 2 月。

该作品以一只正在下山的猛虎为主体，将大自然的原始力量和猛虎的节奏结合在一起，充满韵律感，并通过对大自然的精致表现来展示猛虎的凶狠和雄壮。

《狂飙》#05，创作者：王喜文，创作于 2023 年 2 月。

在 AI 绘画的渲染下，该作品中的猛虎被表现得栩栩如生，其身体线条细腻、毛发精细，充满了生机和动感。而画面中的山川也采用 AI 绘画的渲染技术，层叠的山脉、嶙峋的怪石，都呈现出极为真实的状态，能让人从中感受到大自然的神奇。

《雄霸天下》#01，创作者：王喜文，创作于 2023 年 1 月。

该作品很好地展现了猛虎下山时的情景，其气势威严，令画面中充满平衡感、美感和艺术性。

《雄霸天下》#02，创作者：王喜文，创作于 2023 年 1 月。

该作品使用淡淡的灰色调，使构图更加深入，更能表现出猛虎的豪气和威风。另外，通过 AI 绘画的渲染技术，画面中的每个笔触都被安排得尤其巧妙，能让人从中看出从宏观到微观的精致描绘。

《雄霸天下》#03，创作者：王喜文，创作于 2023 年 1 月。

该作品描绘的是一只正在下山的猛虎，只见它挺胸豪气地在阴暗的山谷中行走，整个画面紧凑而庄严，构图疏密有度。

《雄霸天下》#04，创作者：王喜文，创作于 2023 年 1 月。

该作品呈现出清晰细腻、立体感十足的视觉效果，画面中猛虎的表情、动作和形态栩栩如生。

《雄霸天下》#05，创作者：王喜文，创作于 2023 年 1 月。

该作品中的猛虎身姿矫健、神情威武，显示出强烈的生命力。画面宏伟壮观，前景复杂细腻，后景浓重而不失精致。

《雄霸天下》#06，创作者：王喜文，创作于 2023 年 1 月。

该作品中的猛虎有着独特的高贵气质，彰显出让人难以置信的生命力和活力。猛虎雄壮的身躯及深邃的眼神栩栩如生，将画作推向更高的高度。

《雄霸天下》#07，创作者：王喜文，创作于 2023 年 1 月。

该作品抓住了猛虎行走时所展露出的震撼、决然的力量，通过刻画猛虎的眼神表现其活力与进取的决心。另外，画面中鲜艳的色彩营造出了艺术作品独特的色调，令人印象深刻。

《卷土重来》#01，创作者：王喜文，创作于 2022 年 9 月。

该作品描绘了一只猛虎张着血盆大口，威风地从山谷中走出来的生动画面，表现出猛虎狂放不羁的豪迈气质。另外，该作品用色大胆、色彩绚丽，以背景映衬出猛虎的霸道，体现了猛虎的攻击性和力量。

《卷土重来》#02，创作者：王喜文，创作于 2022 年 9 月。

该作品既有宏大的气势，又有细腻的细节，凸显出猛虎的完美身姿，给人带来一种深刻的视觉体验。

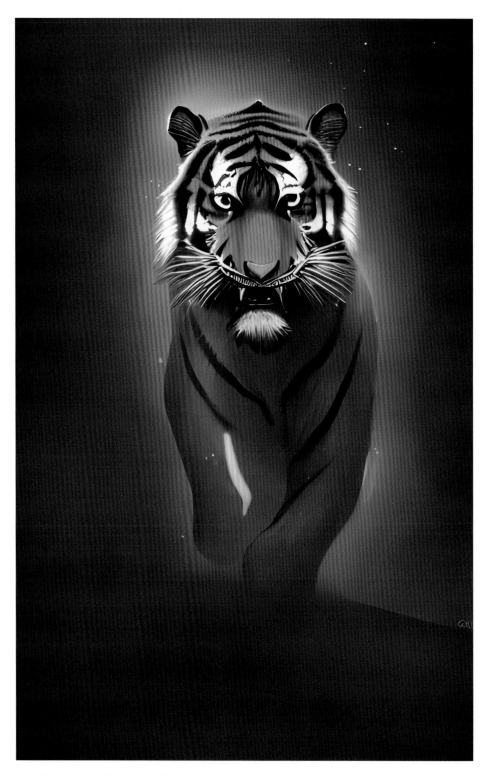

《卷土重来》#03，创作者：王喜文，创作于 2022 年 9 月。

该作品以宏大的气势、柔和的光影，描绘了一只猛虎正以凶悍的威势走过来。这幅作品既简约又充满力量，主体明确、结构清晰、节奏有力，富有艺术感染力和视觉冲击力。

《卷土重来》#04，创作者：王喜文，创作于 2022 年 9 月。

该作品表现了猛虎沉稳且充满力量的气势。通过 AI 绘画的渲染技术，展示了作品的色彩运用技巧，极富视觉冲击力。

《同心同行》#01，创作者：王喜文，创作于 2022 年 9 月。

该作品中的猛虎身体线条柔和、曲线完美，让人忍不住触摸。猛虎的眼睛明亮、炯炯有神，眼神中透露出勇气和孤独，令人深深赞叹。整幅画作十分和谐，似乎在描述着两只猛虎间的深厚友谊。

《同心同行》#02，创作者：王喜文，创作于 2022 年 9 月。

该作品中的两只猛虎散发出一种宁静而威严的气场，让人不禁遐想：整片森林都在这两只猛虎的掌控之下，它们正在用生命守护着这片大地。此外，画面的背景是一片远山，与两只猛虎的雄壮气势形成强烈的对比，使整个画面更加生动有趣。

《镇守》#01，创作者：王喜文，创作于 2022 年 9 月。

该作品的氛围静谧，表现出猛虎在深山中优雅而自信的气场。整幅画作构图简洁、画面精细、色彩对比鲜明、画面立体而生动，给人带来强烈的视觉冲击。

《镇守》#02，创作者：王喜文，创作于 2022 年 9 月。

该作品中的猛虎横穿于苍山之间，散发着强大的气场和力量，表现出猛虎的劲猛威武、刚毅有力，极富动感。

《镇守》#03，创作者：王喜文，创作于 2022 年 9 月。

该作品利用 AI 绘画的渲染技术完美地表现出猛虎的凶悍和雄壮，并将其置于千变万化的自然风光中，使二者完美地融为一体，营造出一种和谐的氛围。

《镇守》#04，创作者：王喜文，创作于 2022 年 9 月。

该作品充满动感、极具意境，将一只大型的猛虎呈现在观者眼前。该作品利用 AI 绘画技术，不仅完美展示了猛虎这种极度凶猛的动物，而且将它放在大自然中，展现出一种神奇且壮观的场景。

《镇守》#05，创作者：王喜文，创作于 2022 年 9 月。

该作品用淡雅的色调来表现大自然的美丽，将缥缈的云烟和层叠的山石刻画得真实、形象，和猛虎相辅相成，使整个画面充满无限的美感。

Chapter 03

用 AI 赋能创意，超越人类想象力

AI 绘画技术能够实现超越人类的创造力和想象力。在传统的绘画方式中，艺术家的创作受到个人能力和经验的限制，很难创作出超越自己想象力的作品；而在 AI 绘画技术中，AI 算法可以通过分析大量的艺术作品，从中提取出各种美学规律和风格特征，从而创作出全新的艺术作品。

AI 绘画可以通过自动生成的艺术形式和风格，给人带来独特的视觉体验和感知。例如，一些通过 AI 绘画生成的艺术作品可能展现出非传统的色彩、形式和结构，从而给人带来全新的视觉体验和感知。

3.1 植物主题作品的创作背景和过程

莲花代表圣洁、美好。《爱莲说》中说，"出淤泥而不染，濯清涟而不妖"，很多人都会用莲花来比喻纯洁的内心和不随波逐流的坚定信念。莲花不经俗世渲染，充满灵气。

在世俗文化中，莲花又称荷花，寓意连年有余，和和美美，和气生财，家庭和睦、和顺等，常用于家庭装饰，所以本章以"莲"为代表展示植物主题作品的创作背景和过程。

"上古幽莲"系列作品先是利用 AI Stable Diffusion 扩散模型绘制，然后利用 Photoshop 和 Fotor 绘图软件进行修改和处理。修饰词部分使用虚幻引擎进行多次渲染，并且使用高光与阴影，力求合理运用色彩，从而更加深入地展现出画面细节。此系列作品渲染的立体效果极其细腻，色彩典雅、活泼，给人带来舒爽的体验。

3.2 "上古幽莲"系列作品欣赏

　　"上古幽莲"系列作品旨在向人们传递深厚的文化内涵，用简洁的语言向人们展现出莲花的幽静之美，传达出一种浓郁而神秘的气息，呈现出一种宁静而忧郁的意境。该系列作品通过 AI 绘画的渲染技术，在古典、传统的画面中增添了一种新颖、尖端的科技色彩，透露出一种弥漫着诗意的气息。

　　线条流畅，画面柔和、典雅、宁静，是"上古幽莲"系列作品的精神所在。AI 强大的渲染能力使画面极具表现力，成功捕捉到了莲花的真实内涵，凸显出莲花的感染力，使人仿佛置身于其中，被莲花的幽静之美所感动。花茎流水般的线条让人想一探它的神秘之处，花瓣绚烂的色彩让人惊叹其所带来的无穷美感。

《上古幽莲》#01，
创作者：王喜文，创
作于 2022 年 10 月。

《上古幽莲》#02，创作者：王喜文，创作于 2022 年 10 月。

《上古幽莲》#03，创作者：王喜文，创作于 2022 年 10 月。

《上古幽莲》#04，创作者：王喜文，创作于 2022 年 10 月。

《上古幽莲》#05，创作者：王喜文，创作于 2022 年 10 月。

《上古幽莲》#06，创作者：王喜文，创作于 2022 年 10 月。

《上古幽莲》#07，创作者：王喜文，创作于 2022 年 10 月。

《上古幽莲》#08，创作者：王喜文，创作于 2022 年 10 月。

《上古幽莲》#09，创作者：王喜文，创作于 2022 年 10 月。

《上古幽莲》#10，创作者：王喜文，创作于 2022 年 10 月。

《上古幽莲》#11，创作者：王喜文，创作于 2022 年 10 月。

《上古幽莲》#12，
创作者：王喜文，创
作于 2022 年 10 月。

《上古幽莲》#13，
创作者：王喜文，创
作于 2022 年 10 月。

《上古幽莲》#14，创作者：王喜文，创作于 2022 年 10 月。

《上古幽莲》#15，创作者：王喜文，创作于 2022 年 10 月。

《上古幽莲》#16，创作者：王喜文，创作于 2022 年 10 月。

《上古幽莲》#17，创作者：王喜文，创作于 2022 年 10 月。

《上古幽莲》#18，创作者：王喜文，创作于 2022 年 10 月。

《上古幽莲》#19，创作者：王喜文，创作于 2022 年 10 月。

《上古幽莲》#20，创作者：王喜文，创作于 2022 年 10 月。

《上古幽莲》#21，创作者：王喜文，创作于 2022 年 10 月。

《上古幽莲》#22，创作者：王喜文，创作于 2022 年 10 月。

Chapter 04

用 AI 变革创作，融合不同的艺术风格

传统的绘画方式需要艺术家对大量的绘画技巧和艺术风格进行学习与实践，而 AI 绘画可以通过深度学习和算法模型的训练，自动生成并优化出各种艺术风格。因此，AI 绘画具有更强的创新能力，刺激传统的绘画艺术创作发生巨大变革。

此外，AI 绘画还可以将不同的艺术风格进行融合与变异，从而创作出更加独特和创新的艺术作品。例如，一些 AI 绘画工具可以将多个不同的艺术风格进行融合与变异，从而创造出新的、独特的艺术风格。

4.1 风景主题作品的创作背景和过程

穿越历史时光，不断有人攀登高山，亲近自然。登山可以使人们摆脱日常生活中的束缚，开阔眼界，从而看得更深入、思考得更全面，所以本章以"登山"为代表展示风景主题作品的创作背景和过程。

登山能够通过人与自然的双向沟通，激励人们正确、积极地思考，给予人们重新审视自我、发掘内心的力量。同时，登山能够让人们进入一种新的状态，挣脱日常生活中的困境，摆脱情绪的限制，从而感受到自由和快乐。登山还能激发人们对心灵的追求，得到对于世界的新理解。

"朝觐神山"系列作品先是利用 AI Stable Diffusion 扩散模型绘制，然后利用 Photo Lab 和 Fotor 绘图软件进行修改和处理。修饰词部分使用虚幻引擎进行多次渲染，并采用体积光、雾化效果、平滑和高清晰等风格技法。

4.2 "朝觐神山"系列作品欣赏

    登山对净化心灵的好处有很多。首先，登山可以帮助人们放松身心。登山的过程可以让人们调整自己的情绪，使心理更加平衡，避免过度焦虑或烦躁不安。其次，登山可以引导人们重新审视自己的生活，思考存在的意义，找到内心深处的力量。最后，登山可以激发人们重新理解传统文化和价值观念，追求真正的快乐、安宁和幸福。

《朝觐神山》#01，创作者：王喜文，创作于 2022 年 11 月。

　　尤其是在发生重大变故之后，登山可以带给人们心灵上的安宁，使人们能够更加平静地思考生活中的问题。登山也可以让人们体会到生活的真正意义，帮助人们重新修正对事物的看法，从而让人们摆脱焦虑和压力，有助于人们更加踏实、理智地应对生活中的各种挑战，促进身心健康。登山还可以让人们感受到人与自然的联系，从而树立保护自然的理念。

　　"朝觐神山"系列作品通过对 AI 绘画的充分应用，构筑了风格独特、新颖的构图，巧妙运用了各种色彩。该系列作品以简明扼要的笔触勾勒出山川的柔和之美，以浓重的色彩表达了壮丽山川中凝重、宁静的氛围。许多画面都以上升、蜿蜒的山道为主要线条，营造出一种虚实参半的氛围，生动地表现出山脉的苍茫。在山路旁依稀可见一些碎石、树木、行人，画面生动、逼真，彰显出 AI 超凡的绘画技艺。尤其是那极具神秘感的夜景，让人沉浸在梦幻般的景色里。

《朝觐神山》#02，创作者：王喜文，创作于 2022 年 11 月。

《朝觐神山》#03，创作者：王喜文，创作于 2022 年 11 月。

《朝觐神山》#04，创作者：王喜文，创作于 2022 年 11 月。

《朝觐神山》#05，创作者：王喜文，创作于 2022 年 11 月。

《朝觐神山》#06，创作者：王喜文，创作于 2022 年 11 月。

《朝觐神山》#07，创作者：王喜文，创作于 2022 年 11 月。

《朝觐神山》#08，
创作者：王喜文，创
作于 2022 年 11 月。

《朝觐神山》#09，
创作者：王喜文，创
作于 2022 年 11 月。

《朝觐神山》#10，创作者：王喜文，创作于 2022 年 11 月。

《朝觐神山》#11，创作者：王喜文，创作于 2022 年 11 月。

《朝觐神山》#12，创作者：王喜文，创作于 2022 年 11 月。

《朝觐神山》#13，创作者：王喜文，创作于 2022 年 11 月。

《朝觐神山》#14，创作者：王喜文，创作于 2022 年 11 月。

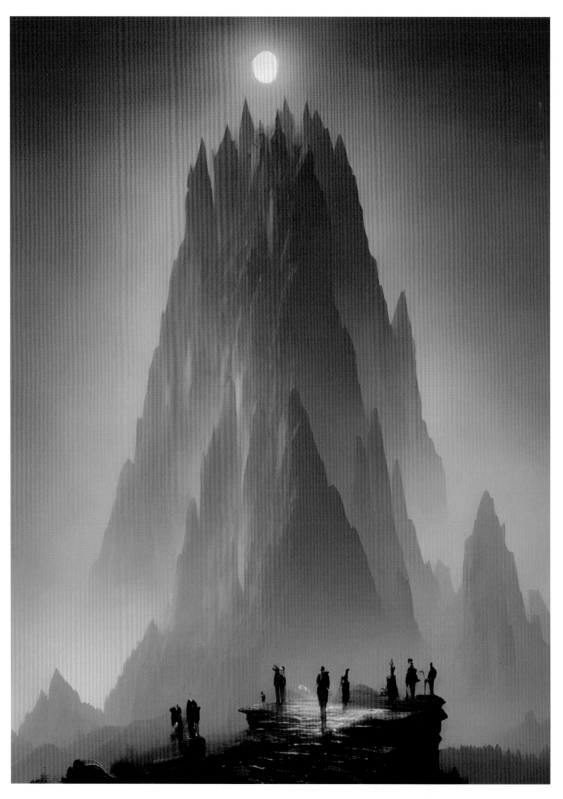

《朝觐神山》#15，创作者：王喜文，创作于 2022 年 11 月。

《朝觐神山》#16，创作者：王喜文，创作于 2022 年 11 月。

《朝觐神山》#17，创作者：王喜文，创作于 2022 年 11 月。

《朝觐神山》#18，创作者：王喜文，创作于 2022 年 11 月。

《朝觐神山》#19，创作者：王喜文，创作于 2022 年 11 月。

《朝觐神山》#20，创作者：王喜文，创作于 2022 年 11 月。

《朝觐神山》#21，创作者：王喜文，创作于 2022 年 11 月。

《朝觐神山》#22，创作者：王喜文，创作于 2022 年 11 月。

《朝觐神山》#23，创作者：王喜文，创作于 2022 年 11 月。

《朝觐神山》#24，创作者：王喜文，创作于 2022 年 11 月。

《朝觐神山》#25，创作者：王喜文，创作于 2022 年 11 月。

《朝觐神山》#26，创作者：王喜文，创作于 2022 年 11 月。

《朝觐神山》#27，创作者：王喜文，创作于 2022 年 11 月。

《朝觐神山》#28，创作者：王喜文，创作于 2022 年 11 月。

Chapter 05

用 AI 突破边界，更好地落实创作想法

艺术创作一直是人类表达自我、探索自我、认知自我的方式。然而，随着 AI 技术的发展，人们发现这种方式正在发生改变，AI 绘画成为一种新的表达方式，具有突破艺术创作边界的潜力。

AI 绘画可以通过图像识别、语义分析等技术手段，实现对图像和语言的自动化分析与理解，从而更好地落实艺术家的创作想法。例如，艺术家可以使用 AI 绘画工具，通过输入一些关键词，使系统自动生成符合要求的视觉效果和图像处理效果，从而快速实现其创作的目标。

AI 绘画还可以通过对不同艺术家的风格进行学习和模拟，生成具有不同艺术家风格的艺术作品，从而实现更加多样化和个性化的艺术表现。例如，AI 绘画可以通过对艺术作品的风格、形态、线条、色彩等进行分析和学习，生成新的具有鲜明特色的艺术作品。

5.1　人物主题作品的创作背景和过程

武侠、仙侠世界中的英雄形象展示了一种不畏强权、无私奉献的精神，他们为了正义不惜牺牲生命，勇敢地站出来对抗邪恶势力，为人类谋幸福。武侠、仙侠世界也可以让人们体会到中国传统文化的美好，弘扬中国传统文化，如儒家伦理思想、道家思想等，以及中华民族的优良传统，如勇敢、忠诚、智慧、正义、善良等。另外，在武侠、仙侠世界中也能认识到人性的本质、友情和爱情的深度。主角在完成使命的过程中所表现出来的责任感，是武侠、仙侠世界对人们最好的启迪。此外，武侠、仙侠世界也带给人们一种自由主义思维，鼓励人们克服困难、面对挑战，主宰自己的命运，所以本章以"武侠仙侠"为代表展示人物主题作品的创作背景和过程。

"武侠仙侠"系列作品先是利用 AI Stable Diffusion 扩散模型绘制，然后利用 Photo Lab

和 Fotor 绘图软件进行修改和处理。修饰词部分使用虚幻引擎进行多次渲染，并采用体积光、雾化效果、平滑和高清晰等风格技法，以便将各种复杂的色彩渲染出来，使这些武侠、仙侠人物看起来更加逼真，让人仿佛置身于原作中，被高质量的画作所吸引。

5.2 "武侠仙侠"系列作品欣赏

武侠、仙侠人物因其新奇的造型而让人津津乐道，既有力量又有灵性，有着神秘的深意。"武侠仙侠"系列作品的人物概念突出，不仅大气潇洒、气宇轩昂，而且能使人感受到中国传统文化的浓郁气息。而将 AI 绘画技术融入中国传统绘画中，又可以有更多创新性的表现，使作品情节生动，能让人感受到这些武侠、仙侠人物的灵动和活泼气质，这也是 AI 绘画与众不同的原因。

"武侠仙侠"系列作品的绘画手法独具匠心，画面感十足。在人物形象塑造方面，融合中国传统绘画中雄浑劲健的气势，构建出一种新的绘画风格，同时运用 AI 绘画强大的渲染能力，画面效果令人看后感觉意犹未尽。

> 少年奋笔书狂傲，
>
> 也曾醉酒抚琴箫。
>
> 有情岁月无情老，
>
> 唯有江湖梦难消。
>
> ——节选自"人间无恨是狂欢"微信公众号的文章《唯有江湖梦难消》

"武侠仙侠"系列之"少年英豪"系列作品展现了武侠文化的独特魅力和精髓。该系列作品中的少年神态坚毅自信、身姿挺拔，展现出少年意气风发、英姿飒爽的形象，彰显出中国传统武侠精神。

该系列作品采用传统的中国画风格的人物表现技法，细腻、柔和的线条和明亮、活泼的颜色相得益彰，营造出一种古朴、高雅的氛围，表现出中国传统文化的独特魅力。

该系列作品的色调鲜明，采用许多明亮、活泼的颜色，如蓝色、黄色、红色等，使画面更加饱满、生动，给人带来积极向上、阳光自然的感觉。同时，采用一些深色调的颜色，如黑色、深绿色等，营造出一种神秘的氛围，为画面增添了一些神秘感。

《少年英豪》#01，创作者：王喜文，创作于 2022 年 12 月。

《少年英豪》#02，创作者：王喜文，创作于 2022 年 12 月。

有情岁月无情老

《少年英豪》#03，创作者：王喜文，创作于 2022 年 12 月。

唯有江湖梦难消

《少年英豪》#04，创作者：王喜文，创作于 2022 年 12 月。

老骥伏枥，

志在千里。

烈士暮年，

壮心不已。

——节选自曹操的《龟虽寿》

"武侠仙侠"系列之"英雄暮年"系列是一组非常感人的艺术作品，通过富有情感和艺术性的表现手法，展现了暮年武侠英雄的悲壮和不畏惧命运的精神。

画面中的人物有些面容憔悴，但神情坚毅，似乎在思考着什么，体现出英雄末路、颓废悲凉的感觉。同时，画面的背景采用一种非常朦胧的处理方式，表现出一种忧伤的情感。

该系列作品的色调鲜明，颜色多采用暗红色和棕色，使画面看起来更加沉重、阴郁。同时，画面的细节处理得十分精细，如人物的面容、铠甲的质感等，都表现得十分逼真。

《英雄暮年》#01，创作者：王喜文，创作于2022 年 12 月。

《英雄暮年》#02，创作者：王喜文，创作于 2022 年 12 月。

《英雄暮年》#03，创作者：王喜文，创作于 2022 年 12 月。

《英雄暮年》#04，创作者：王喜文，创作于 2022 年 12 月。

孤独方可成大事，

依仗一生无才识。

懒向功名求富贵，

肯将诗酒换浮生。

——节选自江西籍北大学者、导演周翼虎的心语

"武侠仙侠"系列之"纵情诗酒"系列作品展现了武侠文化中英雄人物的迷人风采和豪迈气概。

该系列作品选用中国水墨画的风格，加上 AI 绘画强大的渲染能力，突出了画面的浓淡变化和较强的层次感。

画面中的人物英姿飒爽、气宇轩昂，散发着一种潇洒豪放的气质。作品整体采用柔和的灰色调，给人带来舒适的感觉。

同时，作品中的细节和构图也表现出创作者对于武侠文化的深刻理解及独特的表达方式，使作品更具艺术性和观赏性。

《纵情诗酒》#01，创作者：王喜文，创作于 2022 年 12 月。

依仗一生无才识

《纵情诗酒》#02，创作者：王喜文，创作于 2022 年 12 月。

《纵情诗酒》#03，创作者：王喜文，创作于 2022 年 12 月。

肯将诗酒换浮生

《纵情诗酒》#04，创作者：王喜文，创作于 2022 年 12 月。

天下风云出我辈，

一入江湖岁月催。

皇图霸业谈笑中，

不胜人生一场醉。

——节选自著名填词人黄霑的《人生·江湖》

"武侠仙侠"系列之"感慨人生"系列作品采用较为冷静的色调，给人一种深邃的感觉。该系列作品中的英雄人物表情沉静，仿佛在思考人生的意义和价值。

该系列作品充分体现了武侠文化中的英雄人物对于人生的思考和感悟，展示了其在面对无常和残酷的命运时所表现出来的坚忍及勇气。

《感慨人生》#01，创作者：王喜文，创作于2022 年 12 月。

《感慨人生》#02，创作者：王喜文，创作于 2022 年 12 月。

皇图霸业谈笑中

《感慨人生》#03，创作者：王喜文，创作于 2022 年 12 月。

《感慨人生》#04，创作者：王喜文，创作于 2022 年 12 月。

十步杀一人，

千里不留行。

事了拂衣去，

深藏身与名。

——节选自李白的《侠客行》

"武侠仙侠"系列之"暗夜行动"系列作品的主体是黑衣人物，其身后是一片黑暗的夜色，透露出一种神秘的气息，充满了紧张感和刺激感。

从构图来看，该系列作品的画面简洁明快，采用很多对比强烈的颜色，如黑色、亮银色等，使画面更具冲击力和张力。该系列作品中的黑衣人物处理得非常精细，服饰、姿态、面部表情等都表现得非常到位，让人一眼就能感受到他的强大和神秘。

该系列作品所营造的氛围非常适合武侠题材，表现了武侠人物的坚毅和勇猛。黑衣人物身处夜色中，寂静无声，但又能在暗夜中行动，似乎在展现自己的勇气和决心。这样的情境既能给人一种神秘的感觉，又能体现出武侠文化中英雄人物的冒险精神和豪迈情怀。

《暗夜行动》#01，创作者：王喜文，创作于 2022 年 12 月。

《暗夜行动》#02，创作者：王喜文，创作于 2022 年 12 月。

《暗夜行动》#03，创作者：王喜文，创作于 2022 年 12 月。

《暗夜行动》#04，创作者：王喜文，创作于 2022 年 12 月。

　　"武侠仙侠" 系列之《武当真人》是一幅极具武侠风格的作品。

　　在整个画面中，武当真人的形象极为引人注目。武当真人的长袍、胡须等细节处理得非常到位，充分展现了武当真人的神秘、庄重、英俊和威严。武当真人的眼神坚毅深沉，透露出一股不屈不挠的决心，能让人感受到他在修炼道法上的坚持和不懈努力。同时，武当真人身后的山川也刻画得十分精细，表现出创作者的细心和用心。

《武当真人》，创作者：王喜文，创作于 2022 年 12 月。

"武侠仙侠"系列之《霹雳堂主》这幅作品气势磅礴，画中人物威武雄壮，有着武侠小说中那种大气磅礴的史诗感和英雄气概。

该作品中的人物身携火器，背景中闪烁着光亮，暗示他的力量不可阻挡。人物的衣服和头发的细节也处理得非常细致，用色极具冲击力，能让人从中感受到一种强烈的战斗氛围。

整个画面的气势非常雄浑，将武侠小说中的热血和激情表现得淋漓尽致。

《霹雳堂主》，创作者：王喜文，创作于 2022 年 12 月。

　　"武侠仙侠"系列之《昆仑掌门》这幅作品展示了一位身穿华丽锦衣、气度非凡的掌门，塑造了一个高贵、神秘的形象。该作品的整体色调以暗灰为主，突出了掌门身上的亮色装饰和发髻的金色部分，体现了创作者的创造力和独特审美。该作品的画面布局简单，极富节奏感，给人带来一种扑面而来的震撼感。

　　该作品利用 AI 绘画技术创作而成，笔触细腻、精确，充分展现了创作者对人物形态、服饰等细节的深刻理解和丰富的表现能力。人物的身形和面部肌肉线条非常细腻，让掌门看起来十分生动和立体。从这幅作品中，我们可以感受到掌门强大的精神力量和超凡的能力，以及他身上的沉稳和冷静气质。整幅作品非常深邃，让人不自觉地沉浸其中，感受到一种强烈的精神冲击。

《昆仑掌门》，创作者：王喜文，创作于 2022 年 12 月。

　　杨康是《射雕英雄传》中富有争议的人物，他的相貌、气度、才智和胆识都属上乘，堪称人中龙凤，而且极有手段。自带这么优越的资本，他本应该是一个大有作为的人，但偏偏人生不如意。离奇曲折的身世扭曲了他的人生，让他一生坎坷，饱受争议。

《杨康》，创作者：王喜文，创作于 2022 年 12 月。

　　杨过是金庸笔下的"情侠""道侠"，其人孤傲狂放、聪明机智，且感情丰富、至情至性、满腔热血。

《杨过》，创作者：王喜文，创作于 2022 年 12 月。

　　王重阳是金庸武侠小说《射雕英雄传》和《神雕侠侣》中的人物。他是全真派创始祖师，天下五绝之首的"中神通"，也是"老顽童"周伯通的师兄，"全真七子"的师父。他天资聪颖，武功造诣深不可测，世称"天下第一"。"武侠仙侠"系列之《王重阳》这幅作品表现了王重阳的身材高大、英姿飒爽。

《王重阳》，创作者：王喜文，创作于 2022 年 12 月。

我有一剑心中来，

试以天地问锋芒。

——节选自霸业的玄幻小说《一剑神魔》

"武侠仙侠"系列之《剑客》这幅作品描绘了一位身穿白衣的剑客站在巍峨的山峰之中，身姿挺拔、气宇轩昂，表现了剑客的高傲和不凡，给人带来精神上的震撼。

整幅作品以冷色调为主，以白色为主调，营造出剑客清冷的气质和孤独的感觉，体现出剑客的坚毅和执着。

《剑客》，创作者：王喜文，创作于 2022 年 12 月。

一朝英雄拔剑起，

又是苍生十年劫。

——节选自燕垒生的武侠小说《天行健》

"武侠仙侠"系列之《英雄》这幅作品中的武侠人物头发散乱、飘逸，极具野性，体现了他的狂放不羁。画中人物神色紧张，仿佛下一刻就要施展出惊人的剑法。

该作品通过简洁的构图与细节的描述，成功地刻画了一位性情豪放的武侠人物，让人感受到武侠小说中那种激昂的氛围，令人极为震撼。

《英雄》，创作者：王喜文，创作于 2022 年 12 月。

Chapter 06

数字艺术品的展览与交易

艺术品的生命周期包括创作、展览和交易。AIGC可以代替人类智能地创作数字艺术品，元宇宙可以提供虚拟现实（Virtual Reality，VR）的3D沉浸式与交互式展览，非同质化通证（Non-Fungible Token，NFT）则为数字艺术品的交易带来了确权和防伪的新模式。而AI绘画带来了无限的可能。首先，在创意方面，AI带来了更多的灵感、更丰富的想象力；其次，在渲染方面，AI能绘制出传统绘画技术绘制不出的效果，创作出更绚丽的作品。再加上区块链与Web 3.0等新科技，艺术界将被全面颠覆与重构，我们将迎来伟大的"文艺复兴2.0"时代。

6.1 区块链改变发布和防伪方式

区块链是一种分布式记录与保存技术，链上数据难以被篡改。区块链上的信息记录透明且可溯源，确保交易环节中任何一方都可以对信息进行核查，但无法轻易改动信息，从而有效地解决了信任问题。未来，每位艺术家都有机会将自己的数字艺术品存储到区块链上，形成一种独特的资产。而且区块链可以让所有交易都有迹可循，相当于提供了一种永久稳固的产权登记方式——可能比现实世界中更简单、更安全，减少传统艺术品交易中的假冒伪造等行为。

如下图所示，在典型的区块链系统中，数据以区块为单位产生和存储，并按照时间顺序连成链式数据结构。所有节点共同参与区块链系统的数据验证、存储和维护。新区块的创建通常须得到全网多数节点的确认，并向各个节点广播，以实现全网同步，之后不能更改或删除，从而保证区块链对账本进行分布式的有效记录。

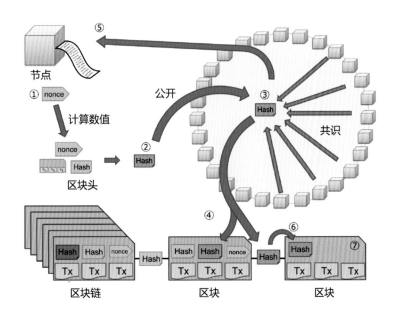

在这种规则下，任何互不了解的人都可以通过加入一个公开透明的数据库，进行点对点的记账、数据传输、认证，而不需要借助任何中间方来达成信用共识。这个公开透明的数据库包括过去所有的交易记录、历史数据及其他相关信息，所有信息都分布式存储且透明可查，并以密码学协议的方式保存，保证不被非法篡改。

下表为全球较为知名的基于区块链技术的数字艺术品交易平台。创作者可以选择在这些平台上发布 AI 作品，平台通过区块链技术对 AI 作品进行加密、去中心化的永久存储，保证其不被篡改。这些平台在实现对 AI 作品追踪溯源的同时，也保证每件 AI 作品的背后都指向一个区块链存储地址，以验证 AI 作品的唯一性，相当于传统绘画的防伪技术。

名　　称	简　　介
OpenSea	OpenSea 是较大的 NFT 交易平台，拥有丰富的 NFT 种类，上架作品包含艺术、音乐、域名、虚拟世界、交易卡、收藏品等。佣金比例为 2.5%
LooksRare	LooksRare 以社区为中心，是大型的综合性 NFT 交易平台，目标是成为完全去中心化的 NFT 交易平台。佣金比例为 2%
Rarible	创作者可以通过 Rarible 发布、购买和出售数字艺术品，不需要任何编码技能
SuperRare	SuperRare 可以创作、销售、收集稀有数字艺术品。它的智能合约平台允许创作者发布区块链上追踪的限量版数字艺术品
Foundation	Foundation 自称"新创意经济"，发展重点是数字艺术品，旨在将艺术家（创作者）、收藏家等聚集在一起，推动文化向前发展。每当 NFT 在 Foundation 上被交易时，艺术家都会从该次交易中获利 10%。即只要收藏家以更高的价格将艺术家的作品转售给其他人，该艺术家就会获得销售价格的 10%
Magic Eden	Magic Eden 成立于 2021 年 9 月，交易量增长迅速，是目前 Solana 链上领先的交易平台。无佣金，有 2% 的服务费
Solanart	Solanart 是 Solana 链上的综合性交易平台。佣金比例为 3%，还有 0.02% 的广告费

6.2 元宇宙改变展览和展示方式

在艺术展 1.0 时代，展品在艺术馆展览，参观者到艺术馆欣赏展品；在艺术展 2.0 时代，艺术馆里的数字屏幕、音频 / 视频让参观者获得了更加丰富的知识；在艺术展 3.0 时代，参观者可以足不出户，在云端纵览展品，欣赏展品细节；在艺术展 4.0 时代，参观者可以在由元宇宙技术搭建的虚拟艺术馆中，通过 VR 等终端设备随时随地进入数字孪生世界，进行沉浸式、交互式体验，并在其中交流、娱乐，构建新的社交关系。

2017 年，北京故宫博物院采用 3D 扫描、VR 全景等技术推出了《故宫 VR 体验馆》项目。借助先进的 VR 技术，游客在戴上 VR 4D 头盔体验《朱棣肇建紫禁城》项目时，仿佛穿过时空隧道回到明朝，映入眼帘的是气势宏大的故宫建筑全景图。在观赏的过程中，游客会突然感觉纵身一跃，上了马背，与明朝皇帝朱棣一起前行。如今，不少艺术馆和博物馆纷纷上线"元宇宙展览"模式。比如，2021 年 9 月，苏州寒山美术馆举办了"分身：我宇宙"艺术展，这被视为国内首个美术馆级元宇宙生态下的数字艺术探索展。北京故宫博物院、湖北省博物馆、上海博物馆、河南博物院等一线博物馆（博物院）纷纷开启线上模式，让文物与参观者零距离接触。下图所示为笔者在鲸探 App 中游览其元宇宙艺术馆。

未来，在元宇宙时代，每位艺术家都可以拥有独一无二的数字博物馆。元宇宙艺术馆运用"线上＋线下"双轨并进的展览模式，打破了参观者与艺术品有限的触达边界，结合多媒体、语音讲解、图片和文字介绍、虚拟仿真、实景再现、人机互动等技术手段，全方位、立体式展示馆内的文物，配合 VR 技术的高度互动性，让参观者产生身临其境的感觉，成为实体展馆走进元宇宙虚拟空间中的一扇窗。

6.3 Web 3.0 改变推广方式

Web 1.0 可以理解为以计算机终端为主导的互联网时代，其代表性公司是新浪、搜狐和网易"前三巨头"，加上 BAT（百度、阿里巴巴和腾讯）"后三巨头"。Web 1.0 时代的特点是信息单向传播，互联网公司是内容的生产者，用户只能被动消费，就其产生的信息量而言还是非常有限的。

Web 2.0 可以理解为以移动终端为主导的移动互联网时代，其代表性应用是微博、微信。Web 2.0 时代的特点是信息双向传播，用户既是内容的生产者，又是内容的消费者。智能手机和 4G、5G 网络的出现，加速了人们创作内容的热情。人们可以借助移动终端，利用碎片化的时间，随时随地创造和消费内容，在满足了自身精神追求的同时，也满足了他人的消费热情。

如果我们抽象地把 Web 1.0 定义为"数据可读"，把 Web 2.0 定义为"数据可写"，那么 Web 3.0 就应该是"数据可拥有"，即不再由平台垄断，由此开创了"创作者经济"的时代。Web 3.0 是一个崭新和开放的领域，它使创作者能够以独特的方式建立和拥有社区，同时将他们的创造力带给更广泛的人群，并让他们的社区真正参与到创作过程中。

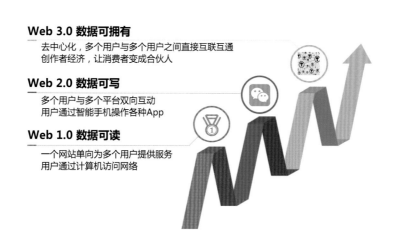

Web 3.0 数据可拥有
去中心化，多个用户与多个用户之间直接互联互通
创作者经济，让消费者变成合伙人

Web 2.0 数据可写
多个用户与多个平台双向互动
用户通过智能手机操作各种App

Web 1.0 数据可读
一个网站单向为多个用户提供服务
用户通过计算机访问网络

在 Web 3.0 时代，随着权力的分配从平台转移到创作者及其社区，创作者的定义正在发生变化。今天，"创作者经济"不再只是为平台提供价值，而是创作者与社区直接联系的新形式。创作者不仅有机会为他们的粉丝提供更多内容（包括经济收益），让消费者变成合伙人，而且能让自己及其粉丝绑定在一起，创造集体价值。

后　记

　　欧洲文艺复兴解放了人类的思想，释放了无穷的创造力，进而引发了以机器生产代替手工劳动的第一次工业革命，推动了人类社会进入工业化时代。如今，以智能化和数字化为标志的第四次工业革命正在发生。智能化和数字化科技的大规模应用与成熟，将全面引发"文艺复兴 2.0"。

　　AI 绘画是"文艺复兴 2.0"的标志之一。它是一种新兴的技术手段，具有自动化、智能化和创造性等特点，可以改变艺术创作的方式和手段，从而创作出更加丰富多彩、个性独特的艺术作品。

　　通过对不同类型的艺术作品和文本进行深度学习及自动化处理，AI 技术可以自动进行视觉和语言上的联想及引申，为艺术家提供更加独特和多样化的创作灵感。

　　当然，AI 绘画并不能完全取代传统绘画，它是一种与传统绘画相辅相成、相互补充的新型艺术形式。传统绘画依靠艺术家的天赋、技巧和经验来创作艺术作品，而 AI 绘画则通过机器自动化和深度学习来创作艺术作品。未来，在 AI 技术和人类艺术家的共同参与下，相信 AI 绘画必将进一步拓展其在绘画与图像创作领域的应用范围，实现更加多样化和高质量的艺术创作。

　　欢迎联系本书作者王喜文博士（微信号：wangxiwen44）一起探讨未来的 AI 绘画。